FiT FÜR DIE SCHULE

Das kann ich!

Rechnen mit Größen 3. Klasse

von Andrea Tonte
Illustrationen von Guido Wandrey

TESSLOFF

Vorwort

Liebe/r ______________________ ,

du möchtest das Rechnen mit Größen üben, damit du darin richtig fit wirst? Dann ist dieses Heft genau das Richtige für dich!

Du findest hier Aufgaben zu diesen Größen:

- **Geld**
- **Längen**
- **Gewichte**
- **Zeit**

So arbeitest du mit diesem Übungsheft:

→ Alle wichtigen Lerninhalte werden im blauen **Lernkasten** erklärt und mit **Beispielen** verdeutlicht.

→ Trainiere mit den vielseitigen **Übungsaufgaben** das Umwandeln von Einheiten und das Rechnen mit Größen.

→ Auf manchen Seiten findest du einen kleinen **Tippkasten**. Die Tipps darin helfen dir beim Lösen der Aufgaben.

→ Hast du alles richtig? Sieh einfach selbst in den **Lösungen** nach.

→ Du bist dir bei einer Abkürzung oder einer Umrechnung unsicher? Schlag auf der Seite **Alle Größen im Überblick** am Ende des Heftes nach!

Jetzt bist du fit und sicher im Umgang mit Größen.

Viel Spaß und Erfolg!
Dein Jojo

Inhaltsverzeichnis

Geld

Scheine und Münzen **4**
Umrechnen von Euro und Cent **6**
Kommaschreibweise bei Geldbeträgen **7**
Runden und überschlagen **9**
Kopfrechnen mit Euro und Cent **10**
Schriftliche Addition **11**
Schriftliche Subtraktion **12**
Multiplikation und Division mit Zehnerzahlen **13**
Textaufgaben **14**
Knobelaufgaben **16**

Längen

Messen und schätzen **17**
Meter und Zentimeter **19**
Meter und Kilometer **20**
Zentimeter und Millimeter **21**
Rechnen mit Längen **22**
Textaufgaben **23**
Knobelaufgaben **24**

Gewichte

Gramm und Kilogramm **25**
Gewichte auswiegen **26**
Kilogramm und Tonne **27**
Rechnen mit Gewichten **28**
Schriftliche Addition **29**
Schriftliche Subtraktion **30**
Textaufgaben **31**
Knobelaufgaben **32**

Zeit

Zeiteinheiten **33**
Uhrzeiten **34**
Minuten und Sekunden **35**
Stunden und Minuten **36**
Zeitpunkte berechnen **37**
Zeitspannen berechnen **38**
Textaufgaben **39**
Knobelaufgaben **40**

Gemischte Aufgaben

Mit verschiedenen Größen rechnen **41**

Lösungen **43**

Alle Größen im Überblick **48**

Scheine und Münzen

→ Mit **Euro** (€) und **Cent** (ct) kannst du in vielen Ländern Europas bezahlen.
Diese **Scheine** und **Münzen** gibt es:

1 ct 2 ct 5 ct 10 ct 20 ct 50 ct 1 € 2 €

5 € 10 € 20 € 50 € 100 € 200 € 500 €

1 Euro = 100 Cent 1 € = 100 ct

1 Was kostet wie viel Geld? Schätze und verbinde mit dem richtigen Preisschild.

338 € 39 ct 39 € 6 € 79 €

2 Wie viel Geld ist in den Sparschweinen? Trage die Beträge unten ein.

_____ € _____ ct _____ € _____ ct _____ € _____ ct

3 Ergänze immer auf 1 €, indem du die fehlende Münze dazumalst.

4 Ordne die Geldbeträge der Größe nach. Beginne mit dem größten Betrag und trage die Buchstaben der Reihe nach ein. Wie heißt das Lösungswort?

5 € 3 ct	**O**	30 € 50 ct	**R**
53 ct	**P**	35 € 3 ct	**U**
305 €	**E**	33 ct	**A**

Lösungswort:

5 Ergänze die Tabelle. Verwende dabei so wenige Scheine und Münzen wie möglich.

Preis	bezahlt mit	Rückgeld
 79 ct	1€	
 2 € 96 ct	2€ 1€	
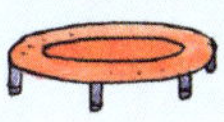 52 € 99 ct		5€ 2€ 1ct

Umrechnen von Euro und Cent

1

Finde den passenden Cent-Betrag in der unteren Reihe. Verbinde.

8 €	8 € 60 ct	8 € 6 ct	80 €
8 000 ct	806 ct	800 ct	860 ct

! 1 € = 100 ct

2

Schreibe die Beträge in € und ct auf.

307 ct = _____ € _____ ct

52 ct = _____ € _____ ct

687 ct = _____ € _____ ct

505 ct = _____ € _____ ct

200 ct = _____ € _____ ct

749 ct = _____ € _____ ct

1 ct = _____ € _____ ct

103 ct = _____ € _____ ct

1 000 ct = _____ € _____ ct

444 ct = _____ € _____ ct

3

Sieh dir die Geldbeträge genau an und trage das passende Zeichen ein: **<**, **>** oder **=**.

4 € 4 ct ◯ 440 ct

515 ct ◯ 1 € 55 ct

723 ct ◯ 7 € 23 ct

10 € ◯ 1 000 ct

998 € ◯ 998 ct

641 ct ◯ 6 € 14 ct

4

Sortiere der Größe nach.

404 ct	2 € 4 ct	2 ct	244 ct	4 € 2 ct

_____ < _____ < _____ < _____ < _____

Kommaschreibweise bei Geldbeträgen

→ Das **Komma** trennt **€** und **ct**.

1 € = 100 ct

100 ct = 1,00 €
10 ct = 0,10 €
1 ct = 0,01 €
1 € 50 ct = 1,50 €

Bei der **Kommaschreibweise** mit Geld heißt die Einheit immer **€**.

1 Trage die Beträge in die Tabelle ein. Der farbige Strich zeigt dir die Kommagrenze.

		€	ct			
	→	5	2	0	→	5,20 €
	→				→	
	→				→	
	→				→	
	→				→	

2 Schreibe die Geldbeträge in € und ct auf.

5,28 € = _____ € _____ ct   92,09 € = _____ € _____ ct

7,03 € = _____ € _____ ct   100,85 € = _____ € _____ ct

6,41 € = _____ € _____ ct   799,99 € = _____ € _____ ct

3 Schreibe diese Beträge als Kommazahl auf.

15 € 99 ct = __________ €   355 ct = __________ €

20 € 2 ct = __________ €   89 ct = __________ €

Kommaschreibweise bei Geldbeträgen

4 Male immer drei gleiche Beträge in derselben Farbe an.

3,54 €	5,03 €	235 ct	354 ct	455 ct	2 € 35 ct
4 € 55 ct	3 € 54 ct	4,55 €	2,35 €	503 ct	5 € 3 ct

5 Wandle um.

4,10 € = ______ ct	2,50 € = ______ ct	0,03 € = ______ ct
7,35 € = ______ ct	4,12 € = ______ ct	7,77 € = ______ ct
6,01 € = ______ ct	3,07 € = ______ ct	5,23 € = ______ ct
10,00 € = ______ ct	0,80 € = ______ ct	9,95 € = ______ ct

6 Ordne die Geldbeträge nach der Größe. Beginne mit dem größten Betrag und finde das Lösungswort.

0,54 €	I	5,87 €	R
384 ct	C	3 € 8 ct	H
4,58 €	S	805 ct	A
204,58 €	S	285 ct	W
45,80 €	P	2,58 €	E
5 ct	N		

Lösungswort:

Runden und überschlagen

→ Bei der **Überschlagsrechnung** rundest du zuerst auf **volle Euro-Beträge**.

0, **1**, **2**, **3**, **4**: Du rundest ab. → 13,47 € gerundet: 13 €

5, **6**, **7**, **8**, **9**: Du rundest auf. → 13,54 € gerundet: 14 €

Jetzt kannst du die Rechnung überschlagen und erhältst ein **ungefähres Ergebnis**.

1

Runde auf volle Euro-Beträge. Achte dabei auf die Stelle nach dem Komma.

5,06 € sind ungefähr ______ €. 0,69 € sind ungefähr ______ €.

8,97 € sind ungefähr ______ €. 18,59 € sind ungefähr ______ €.

2

Runde die Geldbeträge und rechne die Überschlagsrechnung.

6,82 € + 3,29 €

Ü: ______ € + ______ € = ______ €

62,75 € + 24,67 €

Ü: ______ € + ______ € = ______ €

0,65 € + 2,32 €

Ü: ______ € + ______ € = ______ €

249,75 € + 51,41 €

Ü: ______ € + ______ € = ______ €

3

Wie viel kosten die Dinge ungefähr zusammen? Überschlage den Gesamtpreis.

Ü: ______________________

Ü: ______________________

Kopfrechnen mit Euro und Cent

1 Ergänze die Tabellen. Wie viel fehlt?

1 €	
0,50 €	
0,75 €	
	0,02 €
0,10 €	

5 €	
2,50 €	
	4,99 €
3,80 €	
0,50 €	

20 €	
17,30 €	
	10,25 €
	18,99 €
2,20 €	

2 Rechne im Kopf aus.

2,45 € + 1,35 € = ________

10,80 € + 21,40 € = ________

9,80 € – 6,20 € = ________

64,99 € – 0,77 € = ________

1,50 € · 4 = ________

2,40 € · 3 = ________

15,50 € : 5 = ________

25,00 € : 2 = ________

3 Schreibe das Wechselgeld als Euro-Betrag auf. Wie wurde bezahlt?

Preis	Wechselgeld	bezahlt mit
3,98 €	 → 1,02€	5€
7,50 €	 →	
0,59 €	 →	
16,89 €	 →	
1,40 €	 →	

Schriftliche Addition

➔ Beim **schriftlichen Addieren** musst du Folgendes beachten:

1. Wandle die Beträge in die **gleiche Einheit** um, bevor du mit ihnen rechnest.
2. Beachte die Stellenwerte: Wenn du **schriftlich** rechnest, müssen die **Kommas genau untereinander** stehen.

1 Finde zu jedem Kind die richtige Rechnung, indem du schriftlich addierst. Verbinde.

121,42 €

129,96 €

12,85 €

11,06 €

5,39 €	82,41 €	6,84 €	58,61 €
+ 7,46 €	+ 39,01 €	+ 4,22 €	+ 71,35 €

2 Wandle im Kopf in Euro-Beträge um und addiere schriftlich. Male die Geldbeutel mit den Ergebnisbeträgen grün an.

0,82 € + 69 ct

8 € 3 ct + 794 ct

35,58 € + 102 € 67 ct

Schriftliche Subtraktion

→ Auch beim **schriftlichen Subtrahieren** gilt:

1. Wandle die Beträge in die **gleiche Einheit** um.
2. Schreibe die **Stellenwerte genau untereinander**. Die Kommas müssen auch genau untereinander stehen.

1 Rechne die Aufgaben schriftlich aus.

50,26 €	336,19 €	103,82 €	174,33 €
− 24,63 €	− 17,79 €	− 49,25 €	− 125,41 €

2 Subtrahiere schriftlich die Beträge der gleichfarbigen Sparschweinchen.

grün: gelb: rosa: blau:

Multiplikation und Division mit Zehnerzahlen

➔ Beim **Multiplizieren und Dividieren mit Zehnerzahlen** hilft es dir, zuerst die einfache Aufgabe zu rechnen.

$3 \cdot 4\,€ = 12\,€$ 　　 $12\,€ : 3 = 4\,€$

$3 \cdot 40\,€ = 120\,€$ 　　 $120\,€ : 3 = 40\,€$

$120\,€ : 30 = 4\,€$

1 Wie viel kosten die Blumen zusammen? Rechne aus.

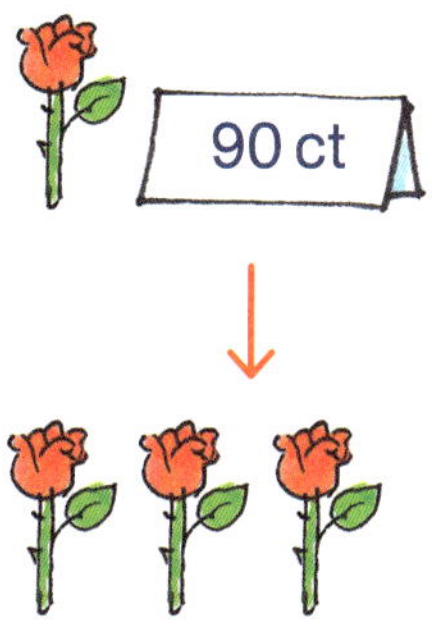

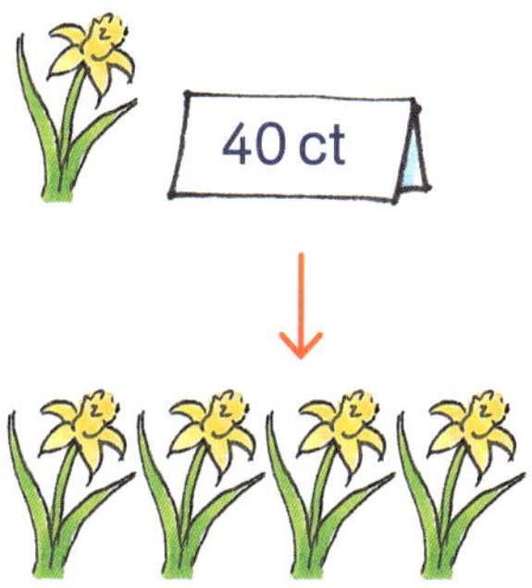

5 · 50 ct = ____ ct

____ ct = ___ , ___ €

2 Wie hoch ist der Einzelpreis? Trage ihn unten auf das Preisschildchen ein.

! Wandle vor dem Dividieren zuerst in Cent um.

3,60 € = ____ ct

____ ct : 9 = ____ ct

Textaufgaben

1

Rechne Schritt für Schritt und finde das Ergebnis.

Heute fahren 20 Kinder aus der Klasse 3a mit ihrer Lehrerin Frau Vogel und 2 anderen Lehrern in den Tierpark. Die Zugfahrt kostet für alle zusammen 68 €.

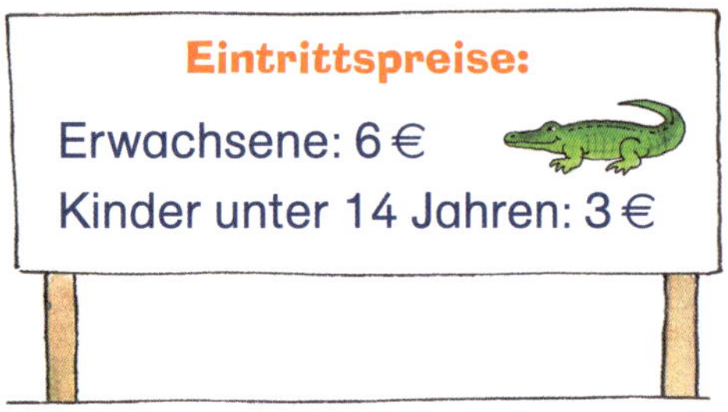

F: Wie viel kostet der Ausflug insgesamt?

R:

A: Der Ausflug kostet insgesamt ________ €.

2

Welches Streifenmodell passt? Kreuze es an und rechne dann aus.

In der Tierhandlung kauft Konstantin für seine Zwergkaninchen ein. Er braucht einen Sack Heu für 3,50 €, einen Eimer Trockenfutter für 4,99 € und eine neue Trinkflasche für 2,75 €. Er bezahlt mit einem 20-Euro-Schein.

F: Wie viel Geld bekommt er zurück?

3,50 €	4,99 €	2,75 €
20 €	?	

☐

3,50 €	4,99 €	2,75 €	?
20 €			

☐

R:

A: ____________________

3

Fülle das Baumdiagramm aus und löse die Aufgabe.

Der Zirkus Krambali verkauft für die Sonntagsvorstellung 50 Karten zu je 5 € und 80 Karten zu je 6 €.

F: Wie viel nimmt der Zirkusdirektor an diesem Tag ein?

R:

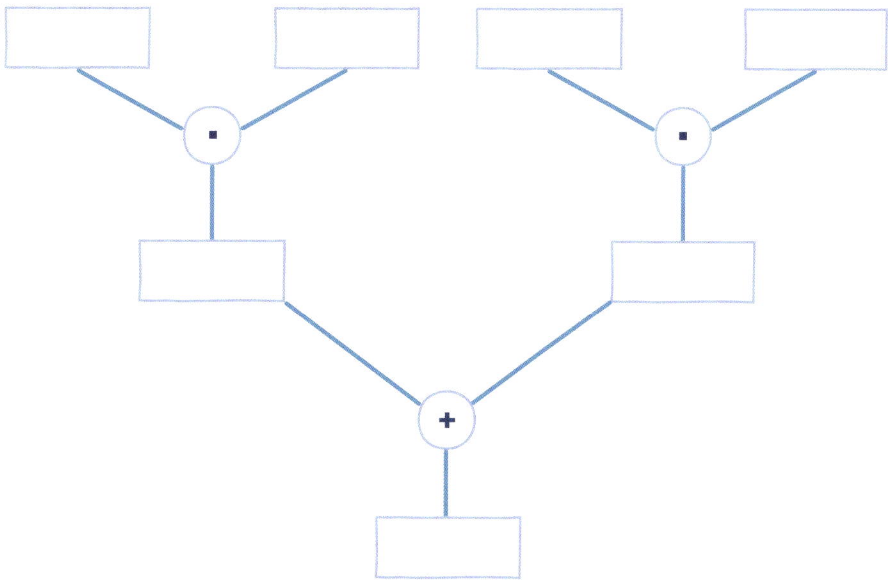

A: Der Zirkusdirektor nimmt an diesem Tag __________ € ein.

4

Lies den Text und löse die Aufgabe.

Der Schönlindenschule stehen 300 € für die Pausenkiste zur Verfügung. Sie kauft 5 Einräder zu je 30 € und 6 Balancierbretter zu je 20 €.

F: Wie viele Reifen zu je 5 € kann die Schule noch kaufen?

R:

A:

Knobelaufgaben

1 Setze die Beträge so zusammen, dass immer genau zwei Scheine gleich sind.

50 €	30 €	20 €	70 €
20 €			

2 Rechne die Aufgaben aus und finde die richtigen Antworten.

Olli kauft sich einen Comic, eine Tierzeitschrift und einen Krimi. Insgesamt bezahlt er 12 €. Der Krimi war doppelt so teuer wie der Comic und die Zeitschrift zusammen.

F: Wie viel kostete der Krimi?

R:

A:

Sarah und Lisa haben zusammen 43 € gespart. Lisa hat 7 € mehr als Sarah.

F: Wie viel Geld hat jedes der Mädchen gespart?

R:

A:

Beim **Messen** mit dem **Lineal** ist es wichtig, dass du dein Lineal immer mit der **Null** an den **Anfang** der Strecke legst. Achte darauf, dass du den **Endpunkt** der Strecke so genau wie möglich von deinem Lineal abliest.

Eine **Länge** kannst du in **Millimeter** (mm), **Zentimeter** (cm), **Meter** (m) oder **Kilometer** (km) angeben.

1 Schätze die Längen und verbinde mit der richtigen Längenangabe.

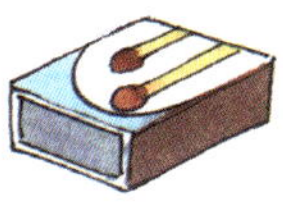

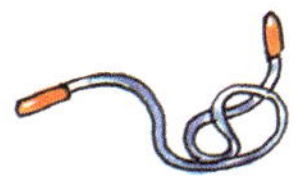

25 mm | 23 cm | 5 cm | 18 m | 2 m

2 Miss die Strecken der Burg mit deinem Lineal und schreibe ihre Längen auf. Versuche, so genau wie möglich zu messen!

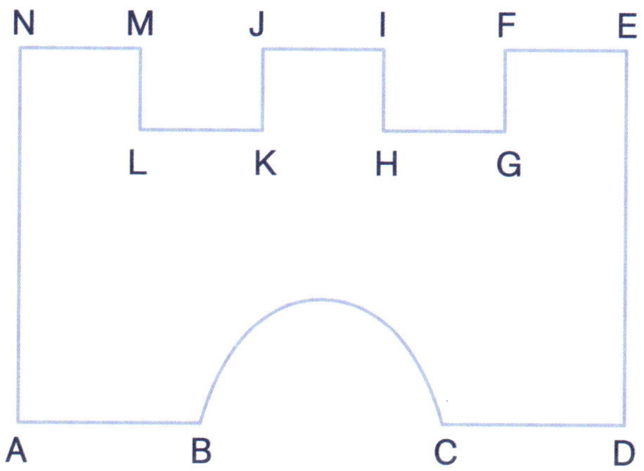

! Lege dein Lineal immer mit der Null an den Anfang der Strecke an!

A bis B: ____________ cm

D bis E: ____________ cm

L bis K: ____________ cm

I bis H: ____________ cm

Messen und schätzen

3 Welche Entfernungen passen zu den Sätzen?

40 km	1 400 km	500 km	4 km

Wir sind von Hamburg nach Rom geflogen. → ________ 

Wir sind 1 Stunde lang um den Moorsee spaziert. → ________ 

Unsere Fahrradtour hat 3 Stunden gedauert. → ________ 

Mit dem Auto sind wir zu Oma nach Buxtehude gefahren. Wir waren 5 Stunden unterwegs. → ________ 

4 Fülle den Lückentext aus. Jede Länge kommt nur einmal vor.

1 km	50 m	30 cm	1 m	3 mm

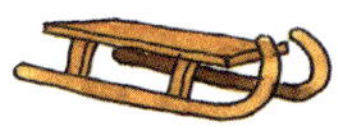

Tom möchte Schlittenfahren gehen. Sein Schlitten ist ________ hoch und ________ lang. Tom läuft ________ zum Schlittenberg. Rasant saust er den nur ________ kurzen Hügel hinunter. Unterwegs trifft er seinen Freund Luis. Der rutscht auf einer Plastiktüte den Berg hinunter, die nur ________ dick ist. Das macht Spaß!

5 Ordne die Längen von kurz nach lang. Finde das Lösungswort.

8 mm	E	420 km	G	84 cm	T	4 mm	W
42 km	N	8 m	S	28 cm	I	42 m	P
24 km	U	208 m	R				

Lösungswort:

Meter und Zentimeter

➔ So kannst du dir die Einheiten **Meter** und **Zentimeter** gut vorstellen:

Ein großer Schritt eines erwachsenen Menschen ist ungefähr 1 m lang.

Zwei Kästchen in deinem Rechenheft sind genau 1 cm lang.

Du kannst **Meter** in **Zentimeter** umrechnen und umgekehrt.

1 m = 100 cm

Bei der **Kommaschreibweise** mit **m** und **cm** gibt es immer **zwei Stellen hinter dem Komma**. **Nullen** am Ende kannst du weglassen.

100 cm = 1,00 m = 1 m
10 cm = 0,10 m = 0,1 m
1 cm = 0,01 m
1 m 50 cm = 1,50 m = 1,5 m

1 Wandle um.

2 m 39 cm = ___,___ m   1,68 m = ______ cm   502 cm = ___,___ m

5 m 42 cm = ___,___ m   0,04 m = ______ cm   630 cm = ___,___ m

2 Male immer drei gleiche Längenangaben in derselben Farbe an.

6,5 m | 3 m 65 cm | 324 cm | 6 m 50 cm

3 m 24 cm | 3,65 m | 542 cm | 365 cm

5,42 m | 650 cm | 5 m 42 cm | 3,24 m

3 Rechne aus.

50 cm + ______ cm = 1 m   10 m − 6,40 m = ___,___ m

0,02 m + ___,___ m = 1 m   90 cm − 47 cm = ______ cm

Meter und Kilometer

→ So kannst du dir die Einheit **Kilometer** gut vorstellen:

Wenn du 15 min spazieren gehst, schaffst du ungefähr 1 km.

Du kannst **Kilometer** in **Meter** umrechnen und umgekehrt.

1 km = 1 000 m

Bei der **Kommaschreibweise** mit **km** und **m** gibt es immer **drei Stellen hinter dem Komma**. **Nullen** am Ende kannst du weglassen.

1 000 m = 1,000 km = 1 km
100 m = 0,100 km = 0,1 km
10 m = 0,010 km = 0,01 km
1 km 50 m = 1,050 km = 1,05 km

1 Ergänze die Tabelle. Achte besonders auf die Nullen.

	km	m			Kommaschreibweise
3 km 652 m	3	6	5	2	3,652 km
816 m					
93 m					
4 m					
6 km 6 m					

2 Ergänze auf die angegebene Länge und trage in die Tabelle ein.

1 km	
500 m	m
350 m	m
970 m	m
m	12 m
m	101 m

0,5 km	
0,250 km	km
0,1 km	km
km	0,020 km
m	300 m
2 m	m

Zentimeter und Millimeter

→ Ein Zentimeter besteht aus 10 **Millimetern**.

1 cm = 10 mm

Du kannst **Millimeter** in **Meter** umrechnen und umgekehrt.

1 m = 1 000 mm

Bei der **Kommaschreibweise** mit **cm** und **mm** gibt es nur **eine Stelle hinter dem Komma**. **Nullen** am Ende kannst du weglassen.

10 mm = 1,0 cm = 1 cm
1 mm = 0,1 cm
1 cm 5 mm = 1,5 cm

1

Finde die verschiedenen Schreibweisen und fülle die Tabelle aus.

cm und mm	2 cm 4 mm			
cm	2,4 cm		73,2 cm	
mm	24 mm	58 mm		90 mm

2

Wandle um.

5 cm 2 mm = ______ mm

82 cm 3 mm = ______ mm

40 cm = ______ mm

24 mm = ___ , ___ cm

18 mm = ___ , ___ cm

9 mm = ___ , ___ cm

3

Setze das passende Rechenzeichen ein: **<**, **>** oder **=**.

4 cm 8 mm ◯ 480 mm

3 cm 2 mm ◯ 23 mm

9 mm ◯ 0,9 cm

4,5 cm ◯ 2 mm + 40 mm

8 mm + 3 mm ◯ 1,1 cm

20 cm ◯ 100 mm + 10 cm

Rechnen mit Längen

1 Rechne im Kopf.

50 m · 5 = ______ m

32 m : 8 = ______ m

450 m : 9 = ______ m

60 cm · 6 = ______ cm = ____,____ m

50 cm : 2 = ______ cm

7 mm · 8 = ______ mm = ____,____ cm

2 Wandle in Kommazahlen um, schreibe untereinander und berechne schriftlich.

401,69 m + 43 cm

127 km + 789 m + 1 000 m

8 mm + 12 cm + 0,45 m

3 Immer zwei Türme haben die gleiche Farbe. Subtrahiere ihre Angaben schriftlich.

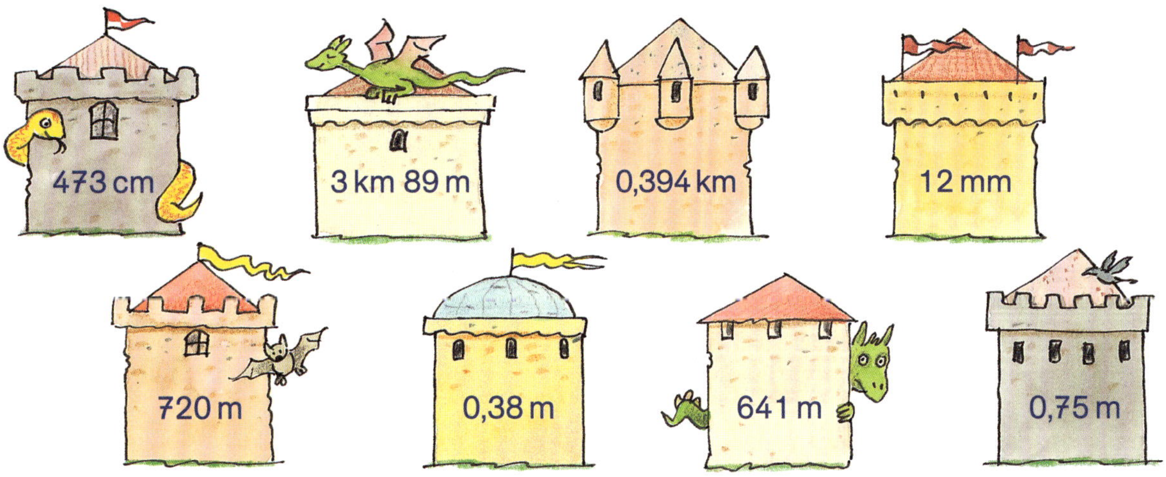

1 Lies die Aufgaben ganz genau und löse sie.

Beim Frisbee-Weitwurf schafft Paul 26 m. Sandra wirft 4 m weiter als Paul. Franzis Frisbee landet 6 m weiter als die Hälfte von Pauls Weite.

F: Wie weit fliegen die Frisbees von Sandra und Franzi?

R:

A: Sandras Frisbee fliegt ______ m weit und Franzis fliegt ______ m weit.

Lena packt Geburtstagsgeschenke für Annika ein. Sie möchte jedes Geschenk mit einer Schleife verzieren. Für ein Geschenk braucht sie 60 cm Geschenkband. Das Band ist insgesamt 2,40 m lang.

F: Wie viele Geschenke kann Lena damit verzieren und wie oft muss sie das Band durchschneiden?

Skizze:

R:

A: Lena kann ______ Geschenke verzieren. Sie muss das Band ______ -mal durchschneiden.

Knobelaufgaben

1 Löse die Aufgabe mithilfe der Tabelle. Trage die Zahlen ein und rechne aus.

Simon möchte bei seiner großen Radtour in 7 Tagen 730 km Rad fahren. An den ersten 5 Tagen schafft er täglich 90 km.

F: Wie viele Kilometer muss er an den anderen beiden Tagen mehr zurücklegen, damit er sein Ziel erreicht?

1. Tag	2. Tag	3. Tag	4. Tag	5. Tag	6. Tag	7. Tag
90 km						
gesamt: ______ km						

R:

A: Am 6. und 7. Tag muss er jeweils ______ km mehr zurücklegen.

2 Vervollständige die Skizze und löse die Aufgabe.

Für das Karnevalstreiben sperrt die Polizei die 240 m lange Maxstraße auf beiden Seiten ab. Alle 20 m stellt Wachtmeister Lustig einen Pfosten auf.

F: Wie viele Pfosten braucht er, wenn auch am Anfang und am Ende der Straße auf jeder Straßenseite ein Pfosten stehen soll?

Skizze:

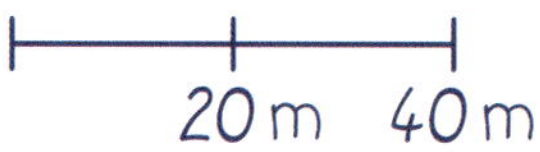

R:

A:

Gramm und Kilogramm

→ So kannst du dir die Einheit **Kilogramm** gut vorstellen:

10 Tafeln Schokolade wiegen 1 kg.

Du kannst **Kilogramm** in **Gramm** umrechnen und umgekehrt.

1 kg = 1 000 g

Bei der **Kommaschreibweise** mit **kg** und **g** gibt es immer **drei Stellen hinter dem Komma**. **Nullen** am Ende kannst du weglassen.

1 000 g = 1,000 kg = 1 kg

100 g = 0,100 kg = 0,1 kg

10 g = 0,010 kg = 0,01 kg

1 g = 0,001 kg

500 g = 0,500 kg = 0,5 kg = $\frac{1}{2}$ kg

250 g = 0,250 kg = 0,25 kg = $\frac{1}{4}$ kg

750 g = 0,750 kg = 0,75 kg = $\frac{3}{4}$ kg

1 Wie viel wiegt das? Verbinde.

100 g | 2 g | 31 kg | 2,3 kg | 60 kg

2 Schätze das Gewicht und kontrolliere mit einer Waage.

	geschätzt	gewogen

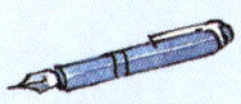		

Gewichte auswiegen

→ Mit **Gewichtssteinen** kannst du ein Gewicht genau auswiegen.

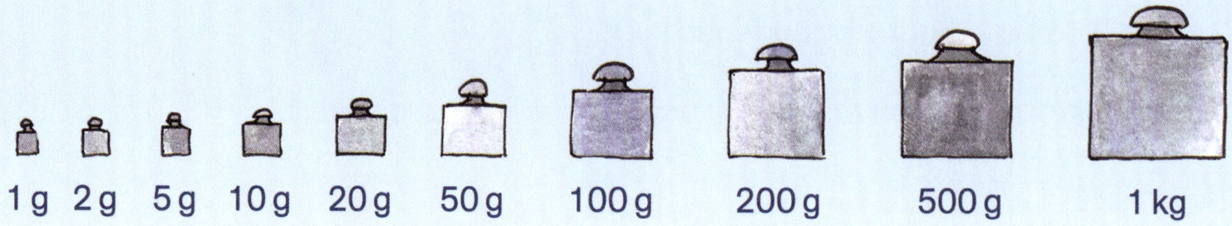

1 Wie viel wiegt der Kuchen? Wie viel wiegen die Trauben? Trage das Gewicht ein.

_____ g

_____ g

2 Mit welchen Gewichtssteinen kannst du diese Dinge auswiegen? Verwende möglichst wenige verschiedene Gewichtssteine.

135 g

263 g

→ So kannst du dir die Einheit **Tonne** gut vorstellen:

Ein Auto wiegt ungefähr 1 t. 

Du kannst **Tonnen** in **Kilogramm** umrechnen und umgekehrt.

1 t = 1 000 kg

Bei der **Kommaschreibweise** mit **t** und **kg** gibt es immer **drei Stellen hinter dem Komma**. **Nullen** am Ende kannst du weglassen.

1 000 kg = 1,000 t = 1 t 500 kg = 0,500 t = 0,5 t = $\frac{1}{2}$ t

100 kg = 0,100 t = 0,1 t 250 kg = 0,250 t = 0,25 t = $\frac{1}{4}$ t

1 Ordne die Tiere nach ihrem Gewicht. Beginne beim schwersten und trage ein.

2 t 120 kg

4 t 80 kg

264 kg

802 kg

39 kg

4 kg

		t	kg			Kommaschreibweise
Elefant	4 t 80 kg	4	0	8	0	4,080 t

2 Ordne die Gewichte. Beginne bei dem leichtesten.

7 t 7 kg   70 kg   0,007 t   7,7 t   770 kg

_____ < _____ < _____ < _____ < _____

Rechnen mit Gewichten

1 Ergänze die fehlenden Gewichtsangaben. Rechne im Kopf.

200 g + ________ = 1 kg   900 kg + ________ = 1 t   470 g + ________ = 1 kg

741 g + ________ = 1 kg   109 kg + ________ = 1 t   815 kg + ________ = 1 t

2 Rechne aus, wie schwer alle Einkäufe insgesamt sind.

je 100 g

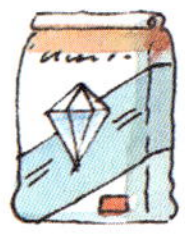
1 kg

600 g

450 g

2,5 kg

A: Die Einkäufe wiegen insgesamt ________ kg.

3 Berechne die fehlenden Angaben im Kopf und trage sie in die Tabelle ein.

	Gesamtgewicht	Inhalt	Verpackung
	109 g	100 g	
		650 g	241 g
	1,2 kg	1 012 g	
	818 g		15 g
		495 g	6 g

1 Ordne die Ergebnisse von klein nach groß und trage ihre Buchstaben unten ein.

	531 g
+	269 g
+	42 g

	103 g
+	425 g
+	2 g

	6 t
+	142 t
+	394 t

	6,923 kg
+	9,441 kg
+	8,003 kg

	0,670 t
+	0,030 t
+	4,979 t

Lösungswort:

2 Wandle in die gleiche Einheit um und addiere schriftlich.

6 kg 402 g + 1,935 kg + 744 g

156 t 40 kg + 1 332 kg + 17,498 t

6 g + 299 g + 0,681 kg

Schriftliche Subtraktion

1 Subtrahiere schriftlich die Angaben in gleichfarbigen Kisten. Trage das Ergebnis in die Kiste der richtigen Farbe ein.

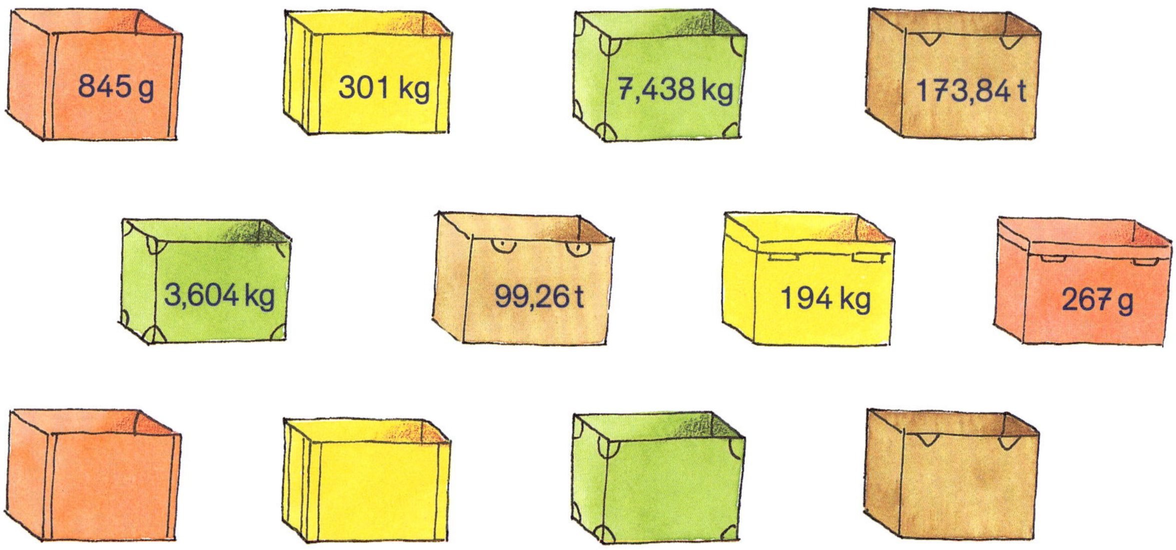

2 Wandle in die gleiche Einheit um und rechne schriftlich aus.

7,500 kg – 5 kg 342 g

34 t 80 kg – 17 t 95 kg

84 kg – 17,328 kg

1 Lies dir die Aufgabe genau durch. Finde dann die passende Frage, rechne aus und formuliere den Antwortsatz.

Alina und Sven bauen aus 3 Kugeln einen Schneemann. Eine Kugel wiegt 578 g, die zweite Kugel wiegt ein $\frac{3}{4}$ kg. Insgesamt sind alle Kugeln zusammen 2,4 kg schwer.

F:

R:

A:

2 Sieh dir die Bilder an und löse die Aufgabe.

13 t   5 t   2 t   1 t

Auf der Fähre nach Scitaro befinden sich bereits ein Lkw, zwei Wohnmobile und drei PKWs.

! Rechne Schritt für Schritt.

F: Kann noch ein Kleinbus mitgenommen werden?

R:

A:

Knobelaufgaben

1 Großes Monstertreffen! Lies den Text ganz genau und ordne richtig zu.

Name: ______	Name: ______	Name: ______	Name: ______
Gewicht: ______	Gewicht: ______	Gewicht: ______	Gewicht: ______

Zombo sitzt neben der Mülltonne und ist gelb. Rombo wiegt die Hälfte von Gombo. Das rote Monster heißt Rombo. Das Monster mit den 7,8 t steht nicht neben dem grünen Monster. Lombo und Zombo stehen in der Mitte. Rombo und Lombo stehen nebeneinander. Lombo ist grün und wiegt 3,5 t. Es gibt ein gelbes Monster. Das gelbe Monster wiegt 0,5 t weniger als das Monster unter dem Sonnenschirm.

2 Trage die Angaben in die Skizze ein und löse.

Die Monster wiegen ihre Lieblings-Schlemmerkugeln ab. Auf der linken Seite der Waage liegen 276 g und rechts liegen 184 g.

F: Wie viel Gramm müssen Gombo und seine Freunde von der linken Seite auf die rechte Seite legen, damit die Waage im Gleichgewicht steht?

Skizze:

______ g ______ g

R:

A: ______

______

Zeiteinheiten

→ Eine **Zeitdauer** kannst du in **Stunden** (h), **Minuten** (min) und **Sekunden** (s) angeben. Bei Zeiteinheiten verwendest du oft **Bruchzahlen**.

1 min = 60 s	1 h = 60 min	1 Tag = 24 h
$\frac{1}{2}$ min = 30 s	$\frac{1}{2}$ h = 30 min	$\frac{1}{2}$ Tag = 12 h

1 Stoppe die Zeit und teste so selbst, wie lange 1 min dauert.

Zähle 1 min lang.

Hüpfe 1 min lang auf einem Bein.

Singe 1 min lang dein Lieblingslied.

2 Wie viel Zeit vergeht? Schätze zuerst. Stoppe dann deine Zeit.

	geschätzt	gemessen
eine Telefonnummer wählen		
Schuhe anziehen		
ein Wimpernschlag		
ein Purzelbaum		
ein Glas Wasser trinken		

3 Welche Zeiteinheit passt? Lies die Sätze, überlege genau und setze dann die richtige Einheit ein.

Im Sportunterricht bin ich 50 m in 9,6 ____ gelaufen.

Meine Zugfahrt von München nach Nürnberg dauert 1 ____ 25 ____ .

Alle 3 ________ beginnt eine neue Jahreszeit.

Uhrzeiten

1

Welche Zeiten zeigen die Uhren an? Trage die Tages- und Nachtzeiten ein.

 16.30 Uhr ______ ______ ______

 4.30 Uhr ______ ______ ______

2

Zeichne die Zeiger ein.

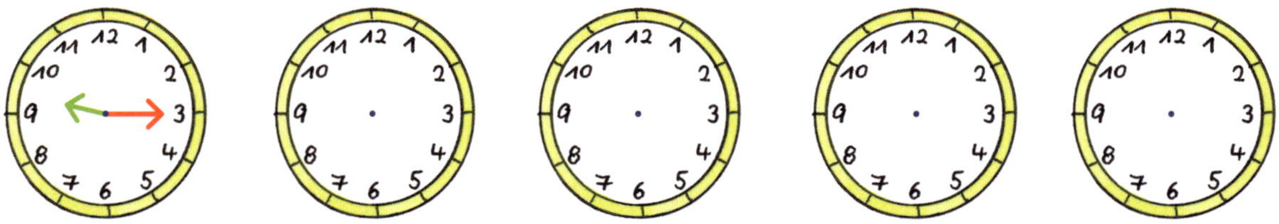

9.15 Uhr	16.35 Uhr	20.55 Uhr	0.45 Uhr	22.30 Uhr

3

Finde zu jedem Satz die beiden richtigen Uhrzeiten und male gleichfarbig an.

Es ist 5 Minuten nach 9.

Es ist Viertel nach 3.

Es ist halb 8.

Es ist Mitternacht.

Es ist 5 Minuten vor halb 12.

7.30 Uhr	21.05 Uhr	11.25 Uhr	0.00 Uhr	3.15 Uhr
9.05 Uhr	15.15 Uhr	24.00 Uhr	19.30 Uhr	23.25 Uhr

Minuten und Sekunden

1 Ergänze zur vollen Minute.

20 s + ______ = 1 min   15 s + ______ = 1 min   14 s + ______ = 1 min

40 s + ______ = 1 min   35 s + ______ = 1 min   29 s + ______ = 1 min

10 s + ______ = 1 min   55 s + ______ = 1 min   47 s + ______ = 1 min

2 Wie viele Sekunden sind es?

1 min 36 s = 60 s + ______ s = ______ s   5 min 19 s = ______ s + ______ s = ______ s

2 min 41 s = ______ s + ______ s = ______ s   7 min 22 s = ______ s + ______ s = ______ s

10 min 5 s = ______ s + ______ s = ______ s $8\frac{1}{2}$ min = ______ s + ______ s = ______ s

3 Rechne um.

80 s = ______ min ______ s   155 s = ______ min ______ s

100 s = ______ min ______ s   204 s = ______ min ______ s

120 s = ______ min ______ s   333 s = ______ min ______ s

4 Verbinde die Zeitangaben der Größe nach. Beginne mit der kleinsten Angabe.

5 s

157 s

1 min 4 s

3 min 1 s

94 s

41 s

301 s

74 s

Stunden und Minuten

1 Wandle die Zeitangaben um.

h	min
1 h	
4 h	
8 h	
11 h	

h	min
$\frac{1}{2}$ h	
$\frac{1}{4}$ h	
$\frac{3}{4}$ h	
$1\frac{1}{4}$ h	

min	h
600 min	
360 min	
420 min	
540 min	

2 Rechne um und trage ein.

30 min + 35 min = ______ min = ______ h ______ min

45 min + 50 min = ______ min = ______ h ______ min

26 min + 58 min = ______ min = ______ h ______ min

3 Wie viele Minuten sind es bis zur nächsten vollen Stunde? Trage ein.

45 min + ______ min = 1 h

65 min + ______ min = 2 h

$\frac{1}{2}$ h + ______ min = ______ h

119 min + ______ min = ______ h

550 min + ______ min = ______ h

150 min + ______ min = ______ h

$2\frac{1}{4}$ h + ______ min = ______ h

321 min + ______ min = ______ h

4 Setze das passende Rechenzeichen ein: **<**, **>** oder **=**.

3 h ◯ 180 min

$1\frac{1}{2}$ h ◯ 100 min

500 min ◯ 5 h

69 min ◯ 6 h 9 min

10 h ◯ 600 min

$3\frac{1}{2}$ min ◯ 90 h

$\frac{1}{4}$ min ◯ $\frac{1}{2}$ h

60 h ◯ 1 min

450 min ◯ $4\frac{1}{2}$ h

→ Der **Zeitpunkt** sagt dir, **wann** etwas passiert.

Es ist 9.30 Uhr. Der Unterricht endet um 13 Uhr.

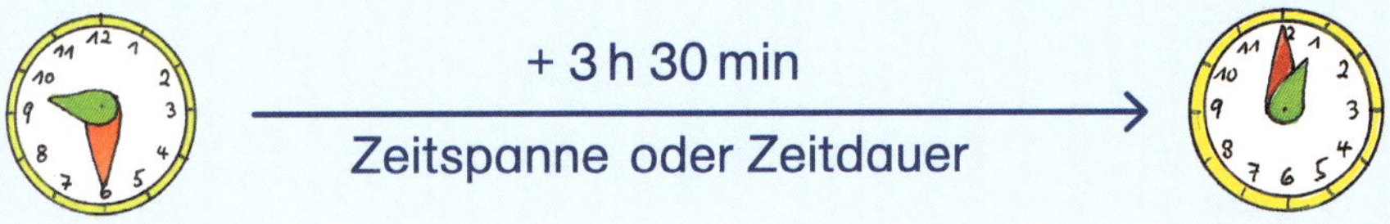

9.30 Uhr
Zeitpunkt

13.00 Uhr
Zeitpunkt

1 Rechne aus.

4 h 47 min

15.00 Uhr → + 4 h → ____ Uhr → + 47 min → ____ Uhr

2 h 18 min

9.54 Uhr → + ____ h → ____ Uhr → + ____ min → ____ Uhr

2 Zeichne die Zeiger ein.

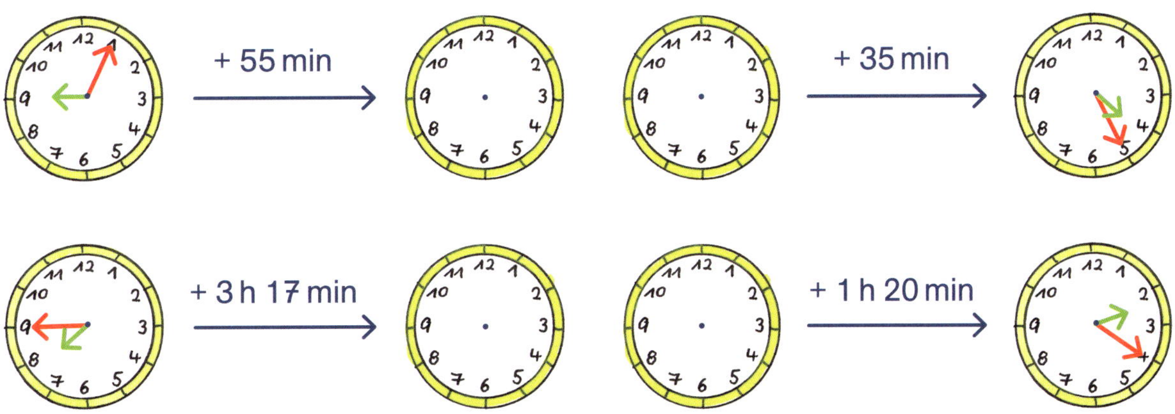

Zeitspannen berechnen

→ Die **Zeitspanne** oder **Zeitdauer** sagt dir, **wie lange** etwas dauert.

Es ist 9.30 Uhr. Der Unterricht dauert noch 3 h 30 min.

9.30 Uhr
Zeitpunkt

+ 3 h 30 min →
Zeitspanne oder **Zeitdauer**

13.00 Uhr
Zeitpunkt

1 Wie lange dauert es?

15.45 Uhr → +1 h → 16.45 Uhr → + ___ → 17.05 Uhr (gesamt: ___)

11.30 Uhr → + ___ → ___ Uhr → + ___ → 14.15 Uhr (gesamt: ___)

19.15 Uhr → + ___ → ___ Uhr → + ___ → 9.00 Uhr (gesamt: ___)

1 Löse mithilfe der Skizzen.

Am Samstag gehen Maxi und Leon ins Kino. Der Film „Gruselnacht“ beginnt um 15.30 Uhr und endet um 17.25 Uhr.

F: Wie lange dauert der Film?

R: 15.30 Uhr → + ____ → ____ Uhr → + ____ min → 17.25 Uhr

A: ______________________________

Nach dem Film fahren die beiden mit dem Roller wieder nach Hause. Für den Heimweg brauchen sie 28 min.

F: Wann sind sie wieder zu Hause?

R: ____ Uhr → + ____ → ____ Uhr

! Eine der Zeitangaben verrät dir die erste Aufgabe.

A: ______________________________

Der Weg zum Kino dauerte mit dem Roller 31 min. Im Kino hatten sie noch 17 min Zeit, ein Eis zu essen, bevor der Film losging.

F: Wann sind die beiden losgefahren?

Skizze:

____ Uhr → + ____ min → ____ Uhr → + ____ min → ____ Uhr

R:

A: ______________________________

Knobelaufgaben

1 Überlege genau und löse die Knobelaufgaben!

Herr Fleißig fährt heute um 8.15 Uhr zur Arbeit und kommt um 17.45 Uhr wieder nach Hause. Für die einfache Fahrt braucht er 42 min. Seine Mittagspause beim Italiener „Diabolo“ dauert 55 min.

! Hier kann dir eine Skizze helfen.

F: Wie lange arbeitet Herr Fleißig heute?

R:

A:

Auf Schloss Dunkelfels verzaubert der Bösewicht Fiesenzahl um 23.59 Uhr alle Uhren. Sie laufen nun rückwärts.

F: Welche Uhrzeit zeigt die Turmuhr an, wenn Fiesenzahl um 7.30 Uhr aufsteht?

Skizze:

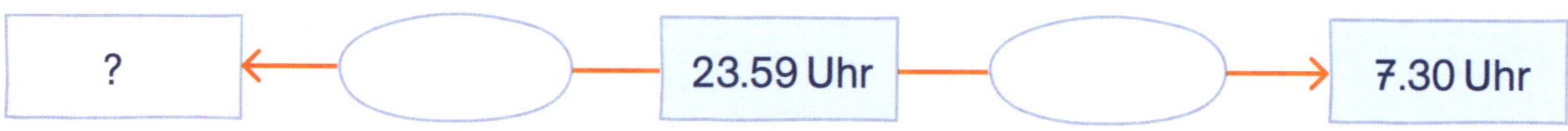

R:

A:

Mit verschiedenen Größen rechnen

1 Ergänze die Tabellen.

90 ct

1 h, 16 km

1 kg, 2 €

Anzahl	€
1 Muffin	0,90 €
2 Muffins	
4 Muffins	

Zeit	km
1 h	
2 h	
$\frac{1}{2}$ h	

Gewicht	€
2 kg	
500 g	
$\frac{1}{4}$ kg	

2 Wie viele Kilometer werden zurückgelegt?

	1 h	2 h	$\frac{1}{2}$ h	$\frac{1}{4}$ h
	80 km			
		240 km		
				10 km
	300 km			
			3 km	

3 Rechne die Preise in € aus.

Jonas träumt von Schlemmerland. Die Währung dort heißt Schwaps.
1 000 Schwaps sind 9 €.

100 Schwaps

______ €

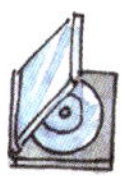

1 100 Schwaps

______ €

5 000 Schwaps

______ €

300 Schwaps

______ €

Mit verschiedenen Größen rechnen

4 Was ist am günstigsten, wenn du 500 g kaufen möchtest? Rechne aus und kreuze an.

5,99 €

500 g

☐

1,98 €

250 g

☐

9 ct

10 g

☐

5 Lies den Einkaufszettel und berechne, wie viel Frau Koch bezahlen muss.

3 Bananen
3 Joghurts
250 g Salami
125 g Käse

2,50 €

5 Bananen

2,00 €

100 g

80 ct

1 Becher

1,60 €

100 g

R:

A: Frau Koch muss ______ € bezahlen.

Seite 4

1
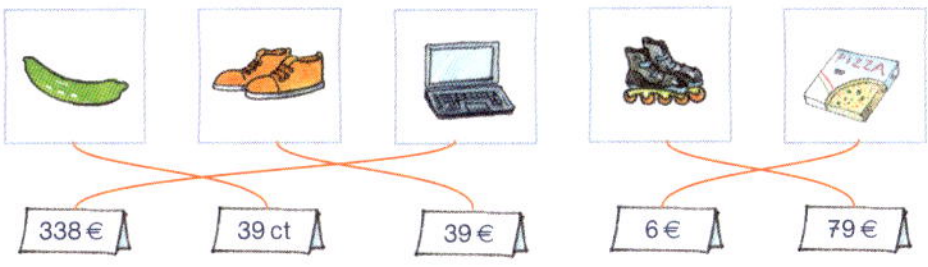

2 4 € 5 ct, 51 € 7 ct, 5 € 81 ct

Seite 5

3 Diese Münzen malst du dazu:
20 ct   5 ct
50 ct   50 ct

4 Das Lösungswort heißt **EUROPA**.

5

Preis	bezahlt mit	Rückgeld
79 ct	1€	20ct 1ct
2 € 96 ct	2€ 1€	2ct 2ct
52 € 99 ct	50€ 10€	5€ 2€ 1ct

Seite 6

1
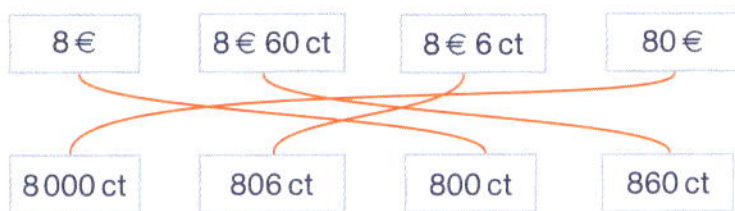

2 3 € 7 ct   7 € 49 ct
0 € 52 ct   0 € 1 ct
6 € 87 ct   1 € 3 ct
5 € 5 ct   10 € 0 ct
2 € 0 ct   4 € 44 ct

3 <, =
>, >
=, >

4 2 ct < 2 € 4 ct < 244 ct < 4 € 2 ct < 404 ct

Seite 7

1

€	ct		
5	2	0	→ 5,20 €
10	1	3	→ 10,13 €
2	5	5	→ 2,55 €
3	0	3	→ 3,03 €
0	0	9	→ 0,09 €

2 5 € 28 ct   92 € 9 ct
7 € 3 ct   100 € 85 ct
6 € 41 ct   799 € 99 ct

3 15,99 €   3,55 €
20,02 €   0,89 €

Seite 8

4 3,54 € | 5,03 € | 235 ct | 354 ct | 455 ct | 2 € 35 ct
4 € 55 ct | 3 € 54 ct | 4,55 € | 2,35 € | 503 ct | 5 € 3 ct

5 410 ct   250 ct   3 ct
735 ct   412 ct   777 ct
601 ct   307 ct   523 ct
1 000 ct   80 ct   995 ct

6 Das Lösungswort heißt **SPARSCHWEIN**.

Seite 9

1 5 €   1 €
9 €   19 €

2 7 € + 3 € = 10 €   63 € + 25 € = 88 €
1 € + 2 € = 3 €   250 € + 51 € = 301 €

3 5 € + 7 € + 42 € = 54 €   1 € + 7 € + 3 € = 11 €

Seite 10

1

1 €	
0,50 €	0,50 €
0,75 €	0,25 €
0,98 €	0,02 €
0,10 €	0,90 €

5 €	
2,50 €	2,50 €
0,01 €	4,99 €
3,80 €	1,20 €
0,50 €	4,50 €

20 €	
17,30 €	2,70 €
9,75 €	10,25 €
1,01 €	18,99 €
2,20 €	17,80 €

2 3,80 €   3,60 €
32,20 €   64,22 €
6 €   3,10 €
7,20 €   12,50 €

3 2,50 €   10 €
0,01 €   0,60 €
3,11 €   20 €
0,60 €   2 €

Seite 11

1 12,85 €, 121,42 €, 11,06 €, 129,96 €

2 Diese Geldbeutel malst du grün an:
138,25 €, 15,97 €, 1,51 €

Seite 12

1 25,63 €, 318,40 €, 54,57 €, 48,92 €

2

Seite 13

1 5 · 50 ct = 250 ct   250 ct = 2,50 €
3 · 90 ct = 270 ct   270 ct = 2,70 €
4 · 40 ct = 160 ct   160 ct = 1,60 €

2 3,60 € = 360 ct   360 ct : 9 = 40 ct = 0,40 €
3,00 € = 300 ct   300 ct : 5 = 60 ct = 0,60 €
2,10 € = 210 ct   210 ct : 7 = 30 ct = 0,30 €

Seite 14

1 R: 20 · 3 € = 60 €
3 · 6 € = 18 €
60 € + 18 € + 68 € = 146 €
A: Der Ausflug kostet insgesamt **146** €.

2 Das rechte Streifenmodell ist das richtige.
R: 3,50 € + 4,99 € + 2,75 € = 11,24 €
20,00 € – 11,24 € = 8,76 €
A: Er bekommt 8,76 € zurück.

Lösungen

Seite 15

3 R:

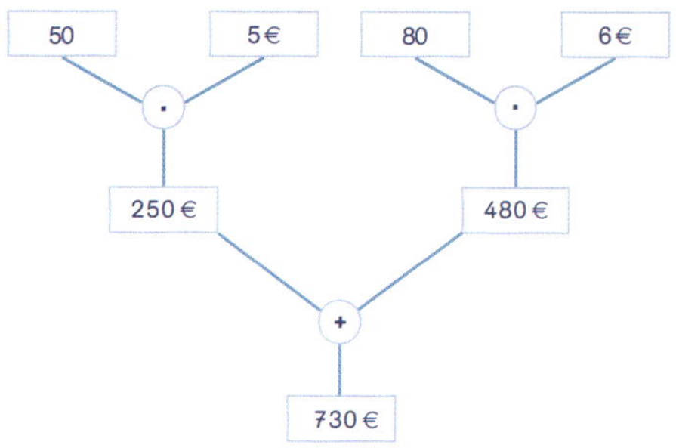

A: Der Zirkusdirektor nimmt an diesem Tag **730** € ein.

4 R: 5 · 30 € = 150 € 6 · 20 € = 120 €
150 € + 120 € = 270 €
300 € − 270 € = 30 €
30 € : 5 € = 6

A: Die Schule kann noch 6 Reifen kaufen.

Seite 16

1 20 €, 20 €, 10 €
20 €, 5 €, 5 €
10 €, 5 €, 5 €
50 €, 10 €, 10 €

2 R: 12 € : 3 = 4 €
Comic und Zeitschrift: 4 €
Krimi: 8 €
Proberechnung: 4 € + 8 € = 12 €

A: Der Krimi kostete 8 €.

R: 43 € − 7 € = 36 €
(Da Lisa 7 € mehr hat als Sarah.)
36 € : 2 = 18 €
Lisa: 18 € + 7 € = 25 €

A: Sarah hat 18 € und Lisa hat 25 € gespart.

Seite 17

1

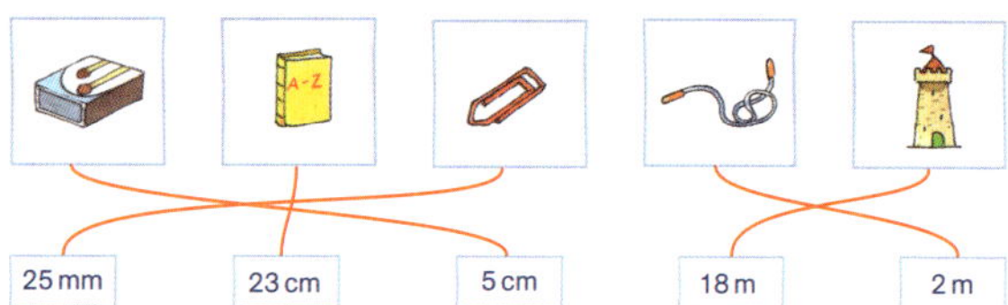

2 A bis B: 2,3 cm D bis E: 4,5 cm
L bis K: 1,5 cm I bis H: 1 cm

Seite 18

3 1 400 km, 4 km, 40 km, 500 km

4 30 cm, 1 m, 1 km, 50 m, 3 mm

5 Das Lösungswort heißt **WEITSPRUNG**.

Seite 19

1 2,39 m 168 cm 5,02 m
5,42 m 4 cm 6,30 m

2
6,5 m 3 m 65 cm 324 cm 6 m 50 cm
3 m 24 cm 3,65 m 542 cm 365 cm
5,42 m 650 cm 5 m 42 cm 3,24 m

3 50 cm 3,60 m
0,98 m 43 cm

Seite 20

1

	km	m			Kommaschreibweise
3 km 652 m	3	6	5	2	3,652 km
816 m	0	8	1	6	0,816 km
93 m	0	0	9	3	0,093 km
4 m	0	0	0	4	0,004 km
6 km 6 m	6	0	0	6	6,006 km

2

1 km	
500 m	500 m
350 m	650 m
970 m	30 m
988 m	12 m
899 m	101 m

0,5 km	
0,250 km	0,250 km
0,1 km	0,4 km
0,480 km	0,020 km
200 m	300 m
2 m	498 m

Seite 21

1

cm und mm	2 cm 4 mm	5 cm 8 mm	73 cm 2 mm	9 cm 0 mm
cm	2,4 cm	5,8 cm	73,2 cm	9,0 cm
mm	24 mm	58 mm	732 mm	90 mm

2 52 mm 2,4 cm
823 mm 1,8 cm
400 mm 0,9 cm

3 <, >
>, =
=, =

Seite 22

1 250 m 4 m
50 m 3,60 m
25 cm 5,6 cm

2 401,69 m + 0,43 m = 402,12 m
127,000 km + 0,789 km + 1,000 km = 128,789 km
0,8 cm + 12,0 cm + 45,0 cm= 57,8 cm

3 4,73 m − 0,75 m = 3,98 m
3,089 km − 0,641 km = 2,448 km
720 m − 394 m = 326 m
38,0 cm − 1,2 cm = 36,8 cm

Seite 23

1 R: Sandra: 26 m + 4 m = 30 m
Franzi: 26 m : 2 = 13 m 13 m + 6 m = 19 m

A: Sandras Frisbee fliegt **30** m weit und Franzis fliegt **19** m weit.

R: 2,40 m = 240 cm
240 cm : 60 cm = 4

A: Lena kann **4** Geschenke verzieren. Sie muss das Band **3**-mal durchschneiden.

Seite 24

1

1. Tag	2. Tag	3. Tag	4. Tag	5. Tag	6. Tag	7. Tag
90 km	90 km	90 km	90 km	90 km	? km	? km
gesamt: 730 km						

R: 7 · 90 km = 630 km

730 km – 630 km = 100 km
Er muss also 100 km an 2 Tagen mehr fahren.
100 km : 2 = 50 km
A: Am 6. und 7. Tag muss er jeweils **50** km mehr zurücklegen.

2 R: 240 m : 20 m = 12
Pfosten am Anfang: 12 + 1 = 13
Pfosten auf beiden Seiten: 13 · 2 = 26
A: Er braucht 26 Pfosten.

Seite 25

1

2 Hier hast du selbst durch Wiegen kontrolliert.

Seite 26

1 650 g, 350 g
2 Banane: 100 g, 20 g, 10 g, 5 g
Käse: 200 g, 50 g, 10 g, 2 g, 1 g

Seite 27

1

		t	kg			Kommaschreibweise
Elefant	4 t 80 kg	4	0	8	0	4,080 t
Nashorn	2 t 120 kg	2	1	2	0	2,120 t
Eisbär	802 kg	0	8	0	2	0,802 t
Löwe	264 kg	0	2	6	4	0,264 t
Affe	39 kg	0	0	3	9	0,039 t
Storch	4 kg	0	0	0	4	0,004 t

2 0,007 t < 70 kg < 770 kg < 7 t 7 kg < 7,7 t

Seite 28

1 800 g 100 kg 530 g
259 g 891 kg 185 kg
2 200 g + 1 000 g + 600 g + 450 g + 2 500 g = 4 750 g
A: Die Einkäufe wiegen insgesamt **4,75** kg.

3

	Gesamtgewicht	Inhalt	Verpackung
	109 g	100 g	9 g
	891 g	650 g	241 g
	1,2 kg	1 012 g	188 g
	818 g	803 g	15 g
	501 g	495 g	6 g

Seite 29

1 842 g, 530 g, 542 t, 24,367 kg, 5,679 t
Das Lösungswort heißt **TONNE**.
2 6,402 kg + 1,935 kg + 0,744 kg = 9,081 kg
156,040 t + 1,332 t + 17,498 t = 174,870 t
6 g + 299 g + 681 g = 986 g

Seite 30

1
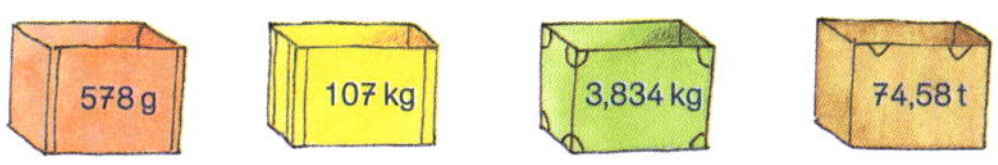

2 7,500 kg – 5,342 kg = 2,158 kg
34,080 t – 17,095 t = 16,985 t
84,000 kg – 17,328 kg = 66,672 kg

Seite 31

1 F: Wie viel wiegt die dritte Kugel?
R: 0,578 kg + 0,750 kg = 1,328 kg
2,400 kg – 1,328 kg = 1,072 kg
A: Die dritte Kugel wiegt 1,072 kg.
2 R: 13 t + 10 t + 3 t = 26 t 30 t – 26 t = 4 t
A: Ja, der Kleinbus kann noch mitgenommen werden.

Seite 32

1

Rombo 3,9 t Lombo 3,5 t Zombo 7,3 t Gombo 7,8 t

2 **1. Rechenmöglichkeit:**
276 g – 184 g = 92 g
92 g liegen links mehr und werden auf beide Schalen verteilt:
92 g : 2 = 46 g
2. Rechenmöglichkeit:
276 g + 184 g = 460 g
460 g : 2 = 230 g
276 g – 230 g = 46 g
A: Sie müssen 46 g von der linken Seite auf die rechte Seite legen.

Seite 33

3 s, h min, Monate

Seite 34

1 12.15 Uhr 8.50 Uhr 14.00 Uhr
0.15 Uhr 20.50 Uhr 2.00 Uhr

2
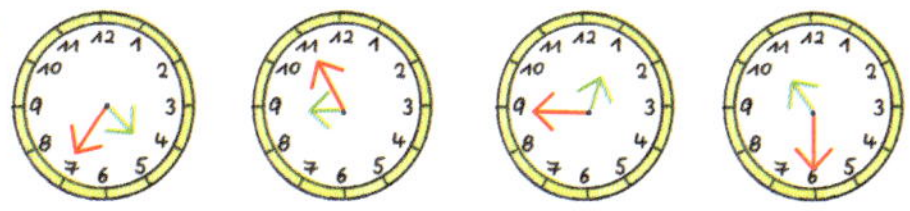

16.35 Uhr 20.55 Uhr 0.45 Uhr 22.30 Uhr

3 Es ist 5 Minuten nach 9. Es ist Viertel nach 3. Es ist halb 8.
Es ist Mitternacht. Es ist 5 Minuten vor halb 12.
7.30 Uhr 21.05 Uhr 11.25 Uhr 0.00 Uhr 3.15 Uhr
9.05 Uhr 15.15 Uhr 24.00 Uhr 19.30 Uhr 23.25 Uhr

Seite 35

1 40 s 45 s 46 s
20 s 25 s 31 s
50 s 5 s 13 s
2 60 s + 36 s = 96 s 300 s + 19 s = 319 s
120 s + 41 s = 161 s 420 s + 22 s = 442 s
600 s + 5 s = 605 s 480 s + 30 s = 510 s
3 1 min 20 s 2 min 35 s
1 min 40 s 3 min 24 s
2 min 0 s 5 min 33 s

Lösungen

4

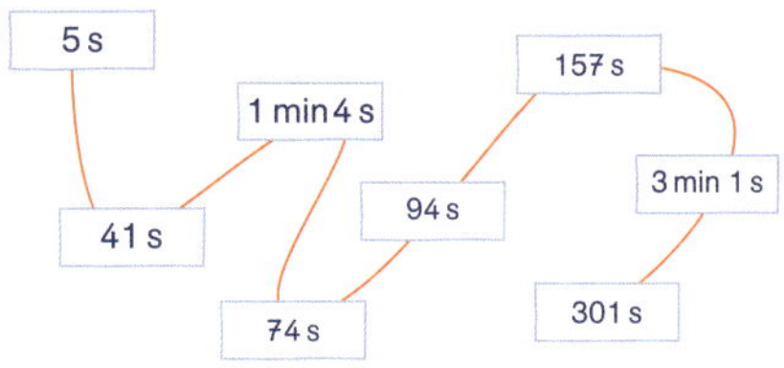

Seite 36

1

h	min
1 h	60 min
4 h	240 min
8 h	480 min
11 h	660 min

h	min
$\frac{1}{2}$ h	30 min
$\frac{1}{4}$ h	15 min
$\frac{3}{4}$ h	45 min
$1\frac{1}{4}$ h	75 min

min	h
600 min	10 h
360 min	6 h
420 min	7 h
540 min	9 h

2 65 min = 1 h 5 min
95 min = 1 h 35 min
84 min = 1 h 24 min

3 15 min
55 min
30 min 1 h
1 min 2 h

50 min 10 h
30 min 3 h
45 min 3 h
39 min 6 h

4 =, <, <
<, =, >
>, <, >

Seite 37

1

15.00 Uhr → + 4 h → 19.00 Uhr → + 47 min → 19.47 Uhr (4 h 47 min)

9.54 Uhr → + 2 h → 11.54 Uhr → + 18 min → 12.12 Uhr (2 h 18 min)

2

Seite 38

1

15.45 Uhr → +1 h → 16.45 Uhr → + 20 min → 17.05 Uhr (1 h 20 min)

11.30 Uhr → + 2 h → 13.30 Uhr → + 45 min → 14.15 Uhr (2 h 45 min)

19.15 Uhr → + 13 h → 8.15 Uhr → + 45 min → 9.00 Uhr (13 h 45 min)

Seite 39

1 R: 15.30 Uhr → + 1 h → 16.30 Uhr → + 55 min → 17.25 Uhr

A: Der Film dauert 1 h 55 min.

R: 17.25 Uhr → + 28 min → 17.53 Uhr

A: Sie sind um 17.53 Uhr wieder zu Hause.

R: 14.42 Uhr → + 31 min → 15.13 Uhr → + 17 min → 15.30 Uhr

31 min + 17 min = 48 min
? + 48 min = 15.30 Uhr
14.42 Uhr + 48 min =15.30 Uhr

A: Die beiden sind um 14.42 Uhr losgefahren.

Seite 40

1 R: Zeit außer Haus insgesamt:
8.15 Uhr + ? = 17.45 Uhr
8.15 Uhr + 9 h 30 min = 17.45 Uhr
9 h 30 min = 570 min
Zeit, die Herr Fleißig nicht arbeitet:
42 min + 55 min + 42 min = 139 min
570 min − 139 min = 431 min = 7 h 11 min

A: Herr Fleißig arbeitet heute 7 h 11 min.

R: ? ← −7 h 31 min ← 23.59 Uhr → +7 h 31 min → 7.30 Uhr

23.59 Uhr + ? = 7.30 Uhr
23.59 Uhr + 7 h 31 min = 7.30 Uhr
? + 7 h 31 min = 23.59 Uhr
16.28 Uhr + 7 h 31 min = 23.59 Uhr

A: Die Turmuhr zeigt 16.28 Uhr an.

Seite 41

1

Anzahl	€
1 Muffin	0,90 €
2 Muffins	1,80 €
4 Muffins	3,60 €

Zeit	km
1 h	16 km
2 h	32 km
$\frac{1}{2}$ h	8 km

Gewicht	€
2 kg	4 €
500 g	1 €
$\frac{1}{4}$ kg	0,50 €

2

	1 h	2 h	$\frac{1}{2}$ h	$\frac{1}{4}$ h
	80 km	160 km	40 km	20 km
	120 km	240 km	60 km	30 km
	40 km	80 km	20 km	10 km
	300 km	600 km	150 km	75 km
	6 km	12 km	3 km	1,5 km

3 0,90 €, 9,90 €, 45 €, 2,70 €

Seite 42

4 Berechne den Preis für 500 g bei allen Packungen:
Glas: 500 g → 5,99 €
Tüte: 250 g + 250 g → 1,98 € + 1,98 € = 3,96 €
einzeln: 500 g : 10 g = 50 → 50 · 9 ct = 450 ct = 4,50 €
Die Gummibärchen-Tüte ist am günstigsten.

5 R: 1,50 € + 2,40 € + 4,00 € + 2,50 € = 10,40 €

A: Frau Koch muss **10,40 €** bezahlen.

Alle Größen im Überblick

Geld

Euro: €   Cent: ct

1 € = 100 ct

8 € 43 ct = 843 ct

1 ct   2 ct   5 ct   10 ct   20 ct   50 ct   1 €   2 €

5 €   10 €   20 €   50 €   100 €   200 €   500 €

Längen

Kilometer: km   Meter: m   Zentimeter: cm   Millimeter: mm

1 km = 1 000 m
1 m = 100 cm
1 cm = 10 mm

6 m 28 cm = 6,28 m
4 cm 7 mm = 4,7 cm

So kannst du dir die Größen gut vorstellen:

1 mm		Breite eines Striches
1 cm		2 Rechenkästchen
1 m		Länge eines Schlittens
1 km		$2\frac{1}{2}$ Runden in einem Stadion

Gewichte

Tonne: t   Kilogramm: kg   Gramm: g

1 t = 1 000 kg
1 kg = 1 000 g

8 kg 735 g = 8,735 kg
3 t 398 kg = 3,398 t

1 g		Gewicht einer Büroklammer
1 kg		Gewicht eines Lexikons
1 t		Gewicht eines Autos

Zeit

Stunde: h   Minute: min   Sekunde: s

1 Tag = 24 h
1 h = 60 min
1 min = 60 s

1 s		einmal klatschen
1 min		eine Banane essen
1 h		Fußballtraining